精致
家居秀

素雅笔记本套

A 版　　B 版　　C 版

D 版

纸型图

【材料】A 版 1 片，B 版 1 片，C 版 2 片，D 版 1 片，扣子 1 枚（笔记本 1 本）。

【制作过程】

❶ 将 A 版与 B 版缝合。

❷ D 版的两长边向内折 1 次，然后对折缝合。

❸ 将 D 版对折缝合在 A 版上。

④ 将2片C版的一个长
边分别向内折一次，然后
缝合。

⑤ 将1片C版与B版正面
相对缝合。

⑥ 将另1片C版缝合在A
版上。

⑦ 翻至正面。

⑧ 在B版上缝好扣子。

⑨ 将笔记本的一个封面放
入B、C版内。

⑩ 另外的一个封面放入A、
C版内。

⑪ 合拢并扣上
扣子，完成笔记
本套的缝制。

羞羞羊显示器套

A₁版

A₂版

B版

C版

D版

纸型图需绘制

【材料】 A1版2片，A2版2片，B版2片，C版2片，D版2片。

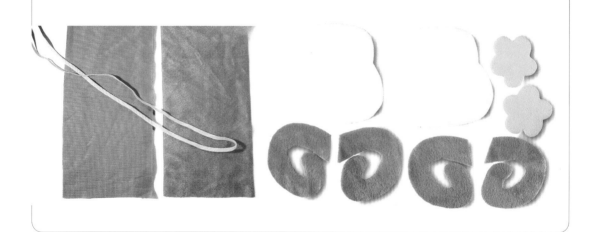

【制作过程】

❶ 将2片A1版、A2版分别正面相对缝合（下文统称A版），然后翻转过来。

❷ 往A版里填充足够的PP棉。

❸ 将2片B版正面相对缝合并留翻转口，在缝合的过程中把A版也缝合在一起。

④ 缝制后翻转过来的样子。

⑤ 在缝合好的 B 版内填充足够的 PP 棉。

⑥ 用黑色线绣眼睛。

⑦ 将 2 片 C 版正面相对缝合。

⑧ 将缝制好的 C 版翻转过来。

⑨ 在缝好的 C 版上钉 1 颗纽扣，然后缝制在 B 版上，如此完成羊头的缝制。

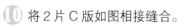

⑩ 将 2 片 C 版如图相接缝合。

⑪ 将两侧毛边挽进，并缝 1cm 的明线。

⑫ 将松紧带从入口处穿进，然后如图把松紧带的头尾两侧缝合。

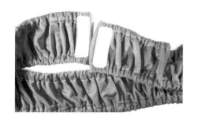

⑬ 剪 2 片魔术贴贴在 C 版两端，如图缝合，注意不要缝反了。

⑭ 魔术贴扣好的样子。

⑮ 把羊头缝制在布条的中间，即完成羞羞羊显示器套的缝制。

间色隔热杯垫

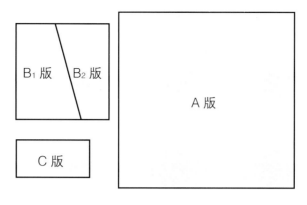

纸型图

【**材料**】A 版 1 片，A 版铺棉 1 片，B₁ 版 4 片，B₂ 版 4 片，C 版 1 片。

【**制作过程**】

① 将 B₁ 版与 B₂ 版的斜边缝合。

② 将 4 片 B₁ 版与 B₂ 版分别缝合。

③ 如图所示，把 4 片缝合好的 B₁ 版与 B₂ 版缝合在一起（下面的步骤里均以 B 版代称）。

④ 将 B 版与 A 版铺棉对齐，用疏缝针固定。

⑤ 将 C 版两长边分别向内折一次，然后对折缝合。

⑥ 将 C 版对折缝合在 B 版的一角。

⑦ 将 A 版覆盖在 B 版上，用珠针固定。

⑧ 用平针缝法缝合一周，留大约 8cm 的返口。

⑨ 翻至正面。

⑩ 缝合返口。

⑪ 拆掉疏缝线。

⑫ 将边缘再用平针缝法缝合一周加以固定，完成隔热垫缝制。

花朵针插

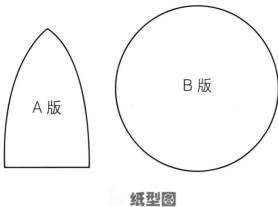

A 版

B 版

纸型图

【材料】A版10片，B版2片，花边1条，珍珠棉适量。

【制作过程】

① 将2片B版正面相对缝合，用珠针固定。

② 用平针缝法缝合一周，留大约3cm的返口。

③ 翻至正面，用珍珠棉填充。

④ 缝合返口。

⑤ 将2片A版正面相对缝合作为花瓣，留大约3cm的返口。

⑥ 用同样的方法缝制好10片花瓣。

⑦ 将花瓣都翻至正面。

⑧ 如图所示，分别缝合返口。

⑨ 将花瓣用珠针固定在圆上，位置如图。

⑩ 用线固定好。

⑪ 把花边剪成合适的长度，如图用珠针固定。

⑫ 用线缝合，完成花朵针插的缝制。

可爱婴儿鞋

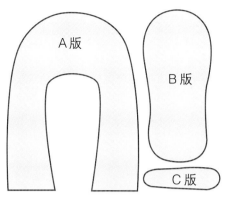

A 版

B 版

C 版

纸型图

【材料】A 版表布、里布、铺棉各 1 片，B 版表布、里布、铺棉各 1 片，C 版表布、里布、铺棉各 1 片，按扣 1 对。

【制作过程】

❶ 将 A 版表布的反面与铺棉对齐，用珠针固定。

❷ 用回针缝法缝合一周。

❸ 将 A 版两端缝合，正面相对。

④ 将 B 版表布的反面与铺棉对齐，用珠针固定。

⑤ 用平针缝法在上面均匀地缝几周。

⑥ 鞋底如图所示。

⑦ 将 A 版与 B 版如图对齐，用珠针固定。

⑧ 用回针缝法缝合。

⑨ 翻至正面。

⑩ 将 A 版里布两端缝合。

⑪ 将 A 版里布与 B 版里布缝合。

⑫ 将里布套入表布内。

⑬ 将C版表布与铺棉缝合。 　⑭ 将C版表布与里布正面 　⑮ 翻至正面。
相对缝合，留一端不用缝。

⑯ 把C版没缝合的一端放入 　⑰ 用藏针缝法缝好鞋口。 　⑱ 如图所示，缝好按扣。
如图位置，并用珠针固定。

⑲ 扣好按扣。 　⑳ 完成婴儿鞋的缝制。依此方法制作另一只鞋，注意鞋带开口方
向相反。

浪漫纸巾盒套

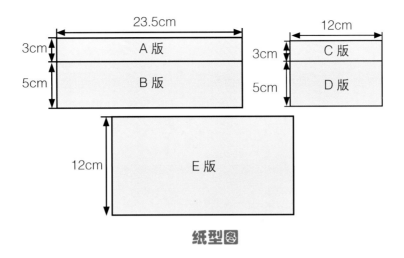

纸型图

【材料】A版、B版、C版、D版布各2片，E版布1片，包边布1条，里布1片。

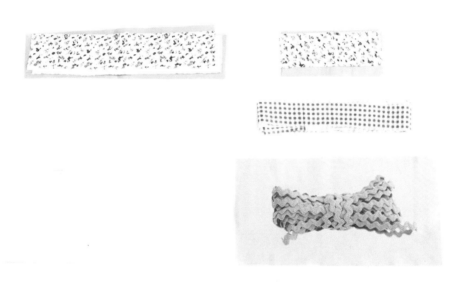

【制作过程】

① 将2对A版布与B版布分别缝合。

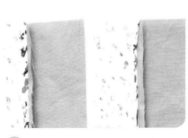

② 将2对C版布与D版布也同样缝合。

③ 将E版布的长边与A版布缝合。

④ 将 E 版布的短边与 C 版布缝合。

⑤ 将 E 版布的 4 个边都分别缝合，如图所示。

⑥ 继续缝合。

⑦ 如图所示缝合。

⑧ 用气消笔画出图形。

⑨ 用彩色线绣好图案，并将花边缝合。

⑩ 如图开始缝合里布。

⑪ 里布缝合完成。

⑫ 将里布套入表布内，并用珠针固定。

⓭ 用卷针缝法固定好。

⓮ 将包边布条绕一周并固定。

⓯ 折好并缝合。

⓰ 如图所示，在 E 版布的中间缝一个长方形。

⓱ 用剪刀从中间剪开，注意开口要在缝的长方形内。

⓲ 在开口处缝上包边布条。

⓳ 用线缝合包边布条。

⓴ 完成纸巾盒套的缝制。

拼布挂画

拼布挂画

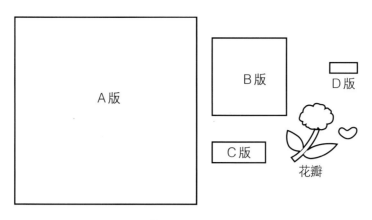

纸型图

【**材料**】A版表布2片，A版铺棉1片，B版1片，C版4片，D版2片，白色、奶白色、黄色花瓣各1片，叶子2片，茎1根，黑线1条。

【**制作过程**】

❶ 将白色和奶白色花瓣用珠针固定在B版上，再贴缝好。

❷ 同样贴缝好黄色花瓣、茎和叶子。

❸ 将1片A版表布与A版铺棉对齐，用疏缝线固定好。

④ 将 B 版贴缝在 A 版中间。

⑤ 将 4 片 C 版分别贴缝在 B 版的 4 个边上。

⑥ 将 2 片 D 版如图缝合。

⑦ 将 D 版分别对折固定在 A 版上。

⑧ 将 2 片 A 版正面相对，用珠针固定。

⑨ 缝合一周，留约 8cm 的返口。

⑩ 翻至正面，缝合返口。

⑪ 如图绕 A 版缝合一周加以固定。

⑫ 在 D 版上穿好黑线，完成拼布挂画的缝制。

贴心腰靠

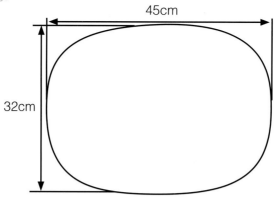

45cm

32cm

纸型图

【材料】 椭圆形表里布各 2 片，拉链 1 条，花边布 1 条，珍珠棉适量。

【制作过程】

① 将 B 版的一长边向内折并缝合。

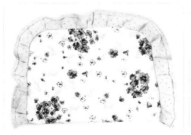

② 将 B 版缝合在 1 片 A 版表布的周围，如图所示。

③ 在如图位置剪一道开口用于缝拉链。

❹ 用珠针将拉链固定。

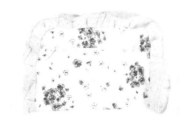

❺ 缝合拉链。

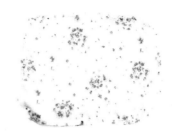

❻ 将缝好的 A 版与另外 1 片 A 版表布正面相对，并用珠针固定。

❼ 缝合一圈后翻至正面。

❽ 将 A 版里布缝合。

❾ 翻至正面，填充珍珠棉。

❿ 缝好返口。

⓫ 将填充好的里布从拉链口套入表布内。

⓬ 拉好拉链，完成腰靠缝制。

少女风口罩

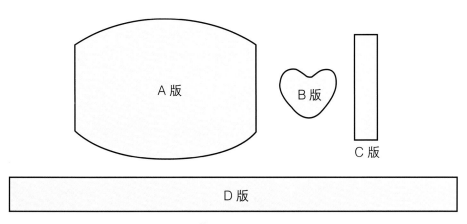

纸型图

【材料】A版2片，B版1片，C版2片，D版2片。

【制作过程】

① 如图所示，在 B 版边缘剪
一些牙口。

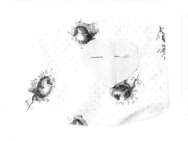

② 用珠针把B版固定在A版上。

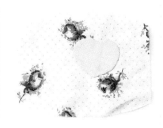

③ 再用线贴缝好。

④ 在B版周围用人字绣绣好。

⑤ 将2片A版反面相对，用疏缝针固定。

⑥ 将2片C版分别缝合在A版上。

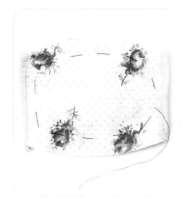

⑦ 将C版滚边缝合。

⑧ 将1片D版缝合在A版上。

⑨ 再将另一片D版也缝合在A版上。

⑩ 翻至背面，将1片D版向内折合后两次缝合。

⑪ 将2片D版分别缝合。

⑫ 完成口罩的缝制。

超萌鸭公仔

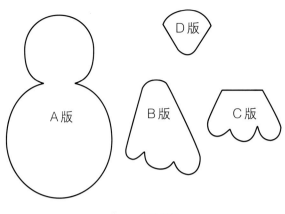

纸型图

【材料】A版2片，B版4片，C版4片，D版2片，珍珠棉适量，黑色珠子2颗。

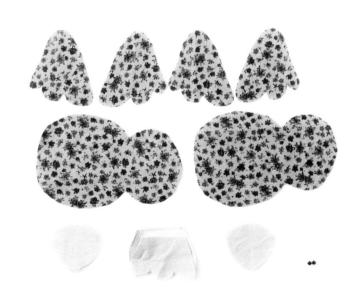

【制作过程】

❶ 将2片A版正面相对缝合一周，留约3cm的返口。

❷ 翻至正面，用珍珠棉填充，并缝合返口。

❸ 将4片B版两两正面相对缝合一周，留约2cm的返口。

④ 分别翻至正面，用珍珠棉填充。

⑤ 将B版与A版如图缝合。

⑥ 将2片D版缝合，上端留开口。

⑦ 用珍珠棉填充。

⑧ 将D版固定在A版上。

⑨ 将4片C版两两相对缝合，直边不用缝。

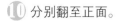

⑩ 分别翻至正面。

⑪ 将缝好的C版如图固定在A版底部。

⑫ 把2颗黑色珠子固定在A版上，完成超萌鸭公仔的缝制。

迷你布娃娃

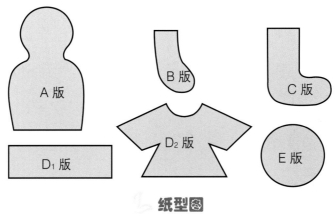

纸型图

【材料】A版、B版、C版各2片，D₁版、D₂版、E版各1片，毛线、珍珠棉各适量。

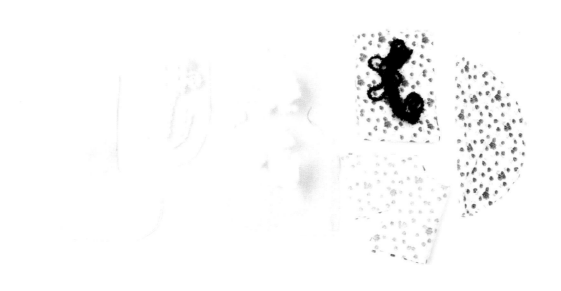

【制作过程】

① 将2片A版对齐缝合一周，下端留返口。

② 将C版两两相对缝合，上端留返口。

③ 将B版同样两两相对缝合，上端留返口。

④ 如图所示,将A、B、C版分别剪成锯齿状。 ⑤ 将A、B、C版都翻至正面,用珍珠棉填充。 ⑥ 分别缝合返口。 ⑦ 再如图缝合。

⑧ 将2片D₂版正面相对缝合,留领口、袖口和下端不用缝。 ⑨ 把D₁版与D₂版缝合(以下简称D版)。 ⑩ 翻至正面,将D版固定在娃娃身上。

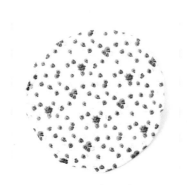

⑪ 将E版边缘向内折缝合。 ⑫ 将毛线和E版如图固定在娃娃的头部。 ⑬ 用黑色线绣出眼睛,并打上腮红,完成布娃娃的缝制。

拼布小物

爱心兔

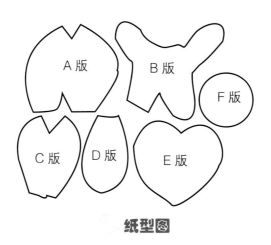

纸型图

【材料】A版2片，B版2片，C版3片，D版4片，E版2片，F版2片，PP棉适量。

【制作过程】

❶ 将C版的褶子缝合。 ❷ 将C版和D版缝合。 ❸ 将A版的褶子如图 ❹ 将缝合好的C、D
一样缝合。 版固定在A版上。

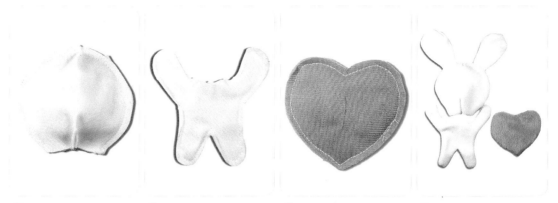

⑤ 将2片A版正面相对缝合,留2cm的返口。

⑥ 将2片B版正面相对缝合,留2cm的返口。

⑦ 把2片E版正面相对缝合,并剪一个充棉口。

⑧ 把缝好的A版、B版、E版翻转过来。

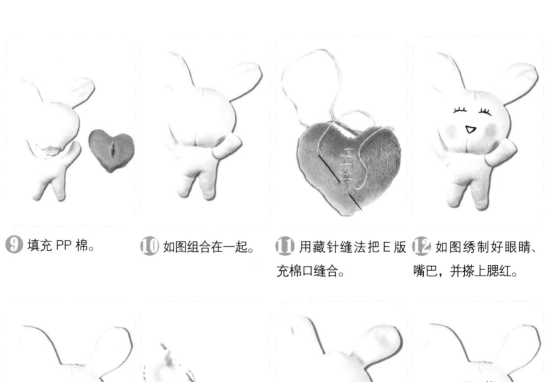

⑨ 填充PP棉。

⑩ 如图组合在一起。

⑪ 用藏针缝法把E版充棉口缝合。

⑫ 如图绣制好眼睛、嘴巴,并搽上腮红。

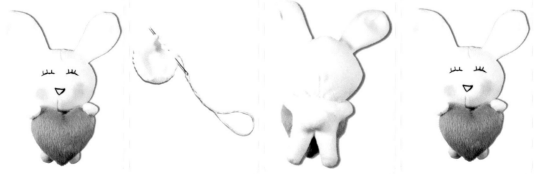

⑬ 如图将B版、E版互相固定。

⑭ 将2片F版正面相对缝合,并填充PP棉。

⑮ 将F版如图固定在B版上。

⑯ 完成爱心兔的缝制。

青蛙王子

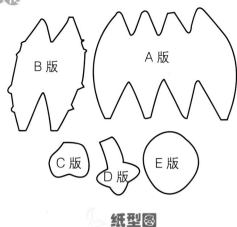

2 纸型图

【材料】A版1片，B版2片，C版2片，D版2片，E版2片，PP棉适量。

【制作过程】

❶ 将2片B版中间缝合，并留一个充棉口。

❷ 把缝制好的B版上的褶子如图缝合起来。

❸ 再将A版上的褶子如图缝合起来。

④ 将2片C版和2片D版分别固定在B版
上面。

⑤ 将缝制好的A版和B版缝合起来。

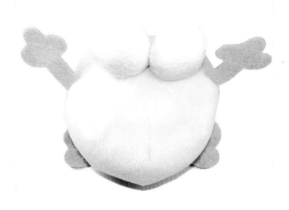

⑥ 翻转过来，并填充好PP棉。

⑦ 将2片E版相对缝合，并填充适量PP棉，
用线固定在2片D版中间。

⑧ 用藏针缝法把充棉口缝合，注意线要拉紧。

⑨ 如图用黑色线绣好眼睛和嘴巴，完成青蛙
王子的缝制。

好奇猫咪

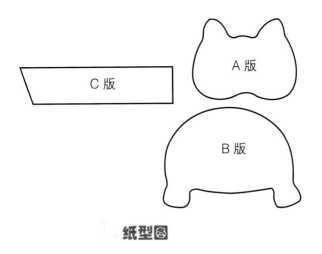

纸型图

【材料】A版2片，B版2片，C版1片，碎布适量，花边1条，扣子2枚。

【制作过程】

① 将2片A版正面相对缝合一周，留约3cm的返口。

② 将A版翻至正面。

③ 用碎布填充A版。

④ 缝合返口。

⑤ 2片 B 版也用相同的方法缝合。

⑥ 翻至正面。

⑦ 同样用碎布填充，并缝好返口。

⑧ 将扣子固定在 A 版上。

⑨ 将 C 版卷成如图形状并缝合。

⑩ 将 C 版缝合在 B 版上。

⑪ 将 A 版也缝合在 B 版上。

⑫ 系上花边作为装饰，完成好奇猫咪的缝制。

袖珍鼠

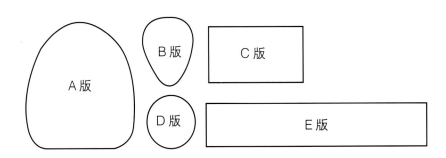

纸型图

【材料】 A版2片，B版4片，C版、D版、E版各1片，扣子2枚，珍珠棉适量。

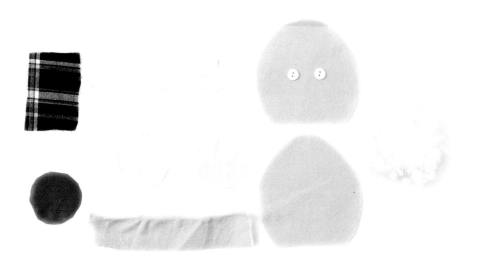

【制作过程】

❶ 将4片B版两两相对缝合，留约2cm的返口。

❷ 翻至正面，用珍珠棉填充，并缝合返口。

❸ 如图所示，将E版从一角卷起缝合固定。

④ 将 B 版和 E 版分别固定在 A 版上。

⑤ 将 2 片 A 版正面相对，用珠针固定。

⑥ 缝合一周，下端留开口，再翻至正面。

⑦ 用珍珠棉填充，缝好返口。

⑧ 将 A 版底部的 2 个角分别向中间折并缝合，使底部变得圆润。

⑨ 将 D 版向内折一次后缝合。

⑩ 在 D 版内填充珍珠棉并收紧，再缝在 E 版上。

⑪ 将 C 版贴缝在 A 版上，将扣子缝在 C 版的两端。

⑫ 用黑色线缝出眼睛和嘴巴，完成袖珍小老鼠的缝制。

夏威夷女娃

給正在
努力的你

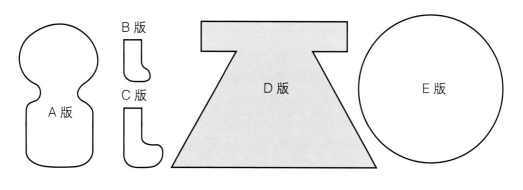

纸型图

【材料】A版2片，B版4片，C版4片，D版2片，E版1片，珍珠棉适量。

【制作过程】

❶ 将2片A版对齐缝合一周，留约3cm的返口。

❷ 4片C版分别相对缝合，留约2cm的返口。

❸ 4片B版同样也分别缝合，留约2cm的返口。

④ A 版翻至正面。

⑤ B 版也翻至正面。

⑥ C 版同样翻至正面。

⑦ A 版、B 版、C 版分别用珍珠棉填充。

⑧ 如图所示，一一组装缝合起来，女娃身体部分完成。

⑨ 将 2 片 D 版正面相对缝合，注意袖口、领口和下端不用缝。

⑩ D 版翻至正面，穿在女娃身上。

⑪ 将 E 版如图缝在女娃头部。

⑫ 在脸部绣上眼睛、嘴巴，涂上腮红，完成夏威夷女娃的缝制。

开心兔公主

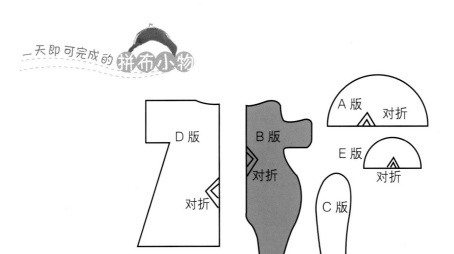

D版 对折　B版 对折　A版 对折　E版 对折　C版

纸型图

【材料】A版2片，B版2片，C版4片，D版2片，E版1片，扣子2枚，珍珠棉适量。

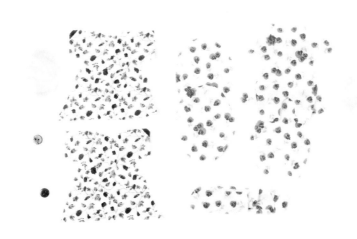

【制作过程】

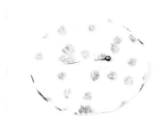

① 将2片A版正面相对，用珠针固定。

② 缝合一周，留约2cm的返口。

③ 翻至正面，用珍珠棉填充。

④ 缝合返口。

⑤ 将2片B版正面相对，用珠针固定。

⑥ 同样缝合一周，上端留返口。

⑦ 翻至正面，用珍珠棉填充。

⑧ 在E版的周围剪一些牙口。

⑨ 用珠针将E版固定在A版上。

⑩ 用线贴缝好。

⑪ 将A版与B版缝合。

⑫ 把扣子缝在E版上，并用红色线绣出嘴巴。

⑬ 将 C 版两两对齐缝合一周，下端留返口。

⑭ 翻至正面，用珍珠棉填充。

⑮ 将其中一个 C 版的开口处向内折 2cm 并缝合。

⑯ 再缝合在 A 版的上端。

⑰ 另一个 C 版按照原长度缝合在 A 版上。

⑱ 将长一点的 C 版如图固定好。

⑲ 将 2 片 D 版正面相对缝合，留领口、袖口和下端不用缝。

⑳ 将 D 版翻至正面，并套在 B 版上缝合，完成开心兔公主的缝制。

缤纷
小饰物

蝴蝶结耳坠

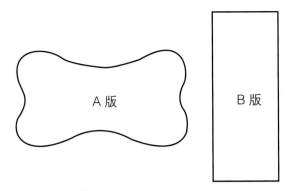

桃心挂坠纸样图

【材料】A版4片，B版2片，珍珠2颗，耳坠配件2付。

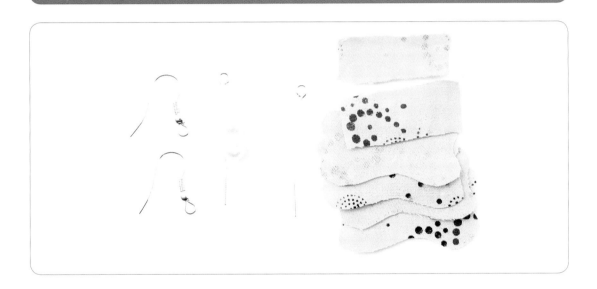

【制作过程】

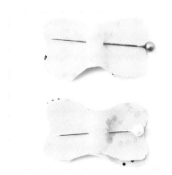

① 将A版两两正面相对，用珠针固定。

② 分别用平针缝法缝合一周，留约2cm的返口。

③ 再翻至正面。

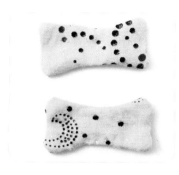

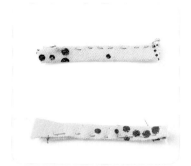

④ 用线缝合返口。

⑤ 将 B 版两长边分别向内折，然后对折缝合。

⑥ 将 B 版缝在 A 版的中间位置。

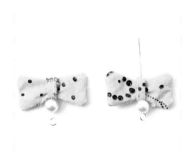

⑦ 2 付耳坠配件都穿好珍珠。

⑧ 在耳坠配件上固定好蝴蝶结。

⑨ 2 付耳坠配件上都固定好蝴蝶结。

⑩ 将耳坠配件的一端如图弯曲。

⑪ 在弯钩处连接好挂钩。

⑫ 完成蝴蝶结耳坠的缝制。

蝴蝶结发夹

A 版

B 版

C 版

【材料】A 版 2 片，B 版 2 片，C 版 1 片，弹簧夹 1 个。

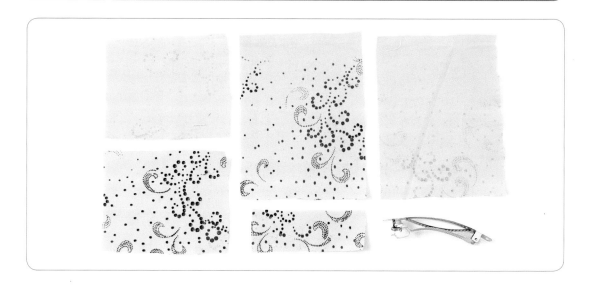

【制作过程】

❶ 将 2 片 A 版正面对齐，用珠针固定。

❷ 用平针缝法缝合一周，留约 3cm 的返口。

❸ 翻至正面，缝合返口。

④ 2 片 B 版也用同样的方法缝合。

⑤ 从 A 版中间起针，收紧线并打结。

⑥ B 版也同样操作。

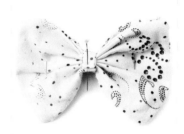

⑦ 将 A 版和 B 版的中心点对齐，左右两边都用珠针固定。

⑧ 将 C 版的两个长边分别向内折，再对折，用藏针缝法缝合。

⑨ 把 C 版沿 A、B 版的中心点绕一周，并用珠针固定。

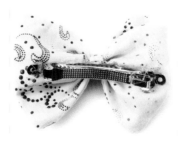

⑩ 缝好 C 版接口，去掉珠针。

⑪ 用热熔胶枪在弹簧夹上涂胶，粘在蝴蝶结背面。

⑫ 完成蝴蝶结发饰的缝制。

桃心项链

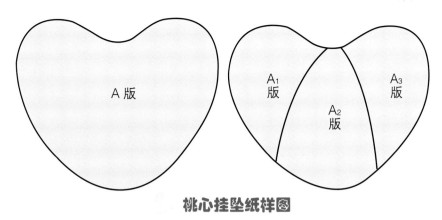

桃心挂坠纸样图

【材料】 A版1片，A₁、A₂、A₃版各1片，红色珠子若干，珍珠棉适量。

【制作过程】

① 将A₁、A₂、A₃版如图缝合。

② 将 A 版 与 A₁、A₂、A₃版对齐缝合一周，留约2cm的返口。

③ 翻至正面。

④ 用珍珠棉填充。

⑤ 将小红色珠子用线穿起来。

⑥ 将链子两端放入桃心的返口内，并用线固定好。

⑦ 如图所示，在 A₁、A₂、A₃ 版的两个缝合处用人字绣针法缝好。

⑧ 完成桃心项链的缝制。

小鱼汽车挂饰

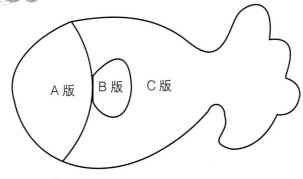

A版　B版　C版

小鱼挂饰纸样图

【材料】A版布2片，B版布1片，C版布2片，圆形布2片，粉色布2条，珍珠棉适量，扣子1枚。

【制作过程】

❶ 将B版布用珠针固定在A版布上面，再缝合。

❷ 将2片C版布缝合。

❸ 把C版布缝合在如图位置。

④ 将 2 片 A 版布正面相对缝合，留约 2cm 的返口。

⑤ 翻至正面，填充珍珠棉。

⑥ 用线缝好返口。

⑦ 将扣子缝好，作为小鱼的眼睛。

⑧ 将 2 片圆形布对齐缝合，留约 1cm 的返口。

⑨ 翻至正面，填充珍珠棉。

⑩ 在返口处缝合粉色布条。

⑪ 把粉色布条的另一端缝在鱼肚处。

⑫ 在小鱼的上端也缝上 1 根粉色布条作为挂绳，作品完成。

巧克力蛋糕小摆饰

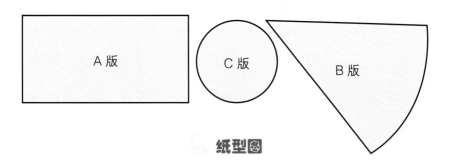

纸型图

【材料】A版4片，B版2片，C版2片，棕色布1条，回形针1枚，珍珠棉适量。

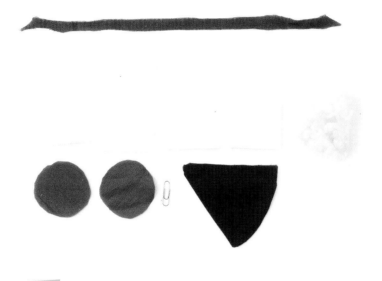

【制作过程】

① 将2片A版与1片B版如图缝合。

② 第3片A版与B版缝合，A版短边也缝合。

③ 另1片B版与A版缝合，留约3cm的返口。

④ 翻至正面，用珍珠棉填充，并缝合返口。

⑤ 2 片 C 版正面相对缝合一周，留约 2cm 的返口。

⑥ 翻至正面，用珍珠棉填充。

  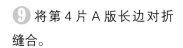

⑦ 将回形针做成如图形状。

⑧ 用棕色线缠绕回形针，把一端放入 C 版内并缝好返口，樱桃制作完成。

⑨ 将第 4 片 A 版长边对折缝合。

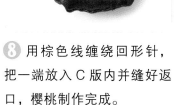  

⑩ 翻至正面，用珍珠棉填充，并缝合两端。

⑪ 绕上棕色布条固定好，巧克力棒制作完成。

⑫ 将巧克力棒和樱桃固定在蛋糕上，完成巧克力蛋糕的缝制。

热带鱼手机挂饰

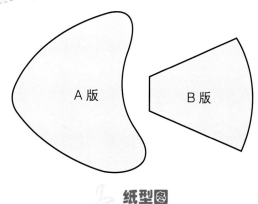

A 版　B 版

纸型图

【材料】A 版 2 片，B 版 1 片，扣子 1 枚，龙虾扣手机链 1 条，珍珠棉适量。

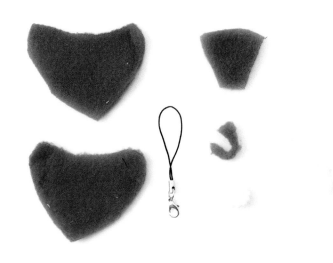

【制作过程】

① 将 2 片 A 版正面相对。

② 用珠针固定。

③ 将红色线对折后固定在 A 版的一个角上。

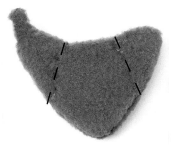

④ 绕 A 版缝合一周，留大约 4cm 的返口。

⑤ 翻至正面。

⑥ 如图所示，在 A 版缝上 2 条八字形的线。

⑦ 中间用珍珠棉填充。

⑧ 将 B 版塞入 A 版的返口内，并缝合返口。

⑨ 用黄色线缝出鱼鳍。

⑩ 用同样的方法缝好另一侧鱼鳍。

⑪ 在如图位置上缝上扣子。

⑫ 挂上手机链，完成热带鱼手机挂饰的缝制。

雅致胸花

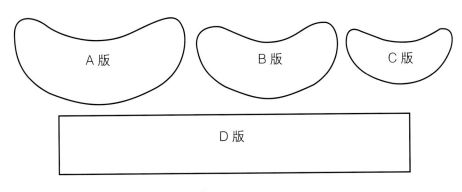

纸型图

【材料】A版6片,B版6片,C版6片,D版1片,胸针托1枚。

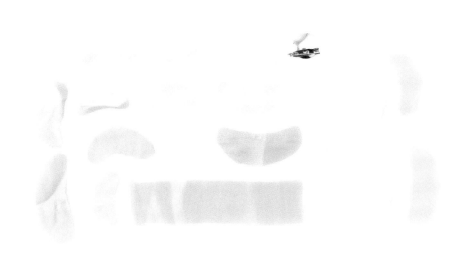

【制作过程】

❶ 将3对A版分别正面相对,用平针缝法缝合一周,留约2cm的返口。

❷ 将3对B版和3对C版也同样缝制好,将A、B、C版分别翻至正面,缝好返口。

❸ 将3对C版两端交错如图缝合。

④ 把其他两端缝合。

⑤ 将 3 对 B 版缝合后，再缝在 C 版上。

⑥ 将 3 对 A 版也缝合，再缝在 B 版上。

⑦ 将 D 版的两个长边向内折，缝合，再对折缝合。

⑧ 从一端卷起后固定。

⑨ 把 D 版固定在花的中间做花蕊。

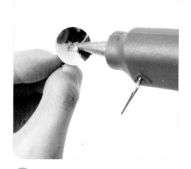

⑩ 用热熔胶枪在胸针托上涂适量胶。

⑪ 将胸针托粘在花的反面。

⑫ 完成胸花的缝制。

明朗心情手链

B 版

A 版

纸型图

【材料】A 版 3 片，B 版绿、蓝、红各 6 片，珍珠 1 包，扣子 1 枚。

【制作过程】

❶ 将 1 片 A 版的两个长边分别向内折，再对折缝合。

❷ 用相同的方法缝合另外的 A 版。

❸ 将 3 片 A 版的一端对齐缝合在一起。

④ 如图所示，编成1条链子。　⑤ 将绿色 B 版正面相对缝　⑥ 翻至正面，缝合返口。
　　　　　　　　　　　　　　　合，下端留返口。

⑦ 将蓝色 B 版同样正面相对　⑧ 翻至正面，缝合返口。　⑨ 用同样的方法将红色 B
　缝合，下端留返口。　　　　　　　　　　　　　　　版也缝合，下端留返口。

⑩ 翻至正面，缝合返口。　⑪ 将绿色、蓝色和红色 B 版　⑫ 共缝3个。
　　　　　　　　　　　　　　如图缝合在一起。

⑬ 用热熔胶枪在中间涂适量胶。

⑭ 把珍珠粘在中间。

⑮ 其他两个同样粘上珍珠。

⑯ 在花的后面也涂上适量胶。

⑰ 将3朵花分别粘在链子上。

⑱ 如图所示，把扣子缝在链子的一端。

⑲ 在链子的另一端缝上扣眼。

⑳ 完成手链的缝制。

实用
小包袋

格子束口袋

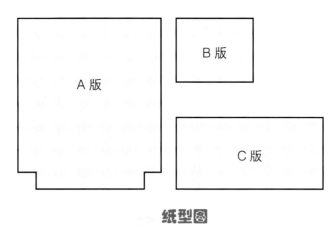

纸型图

【材料】A版表布、里布各1片，B版1片，C版2片，黑色线2条，珠子2颗。

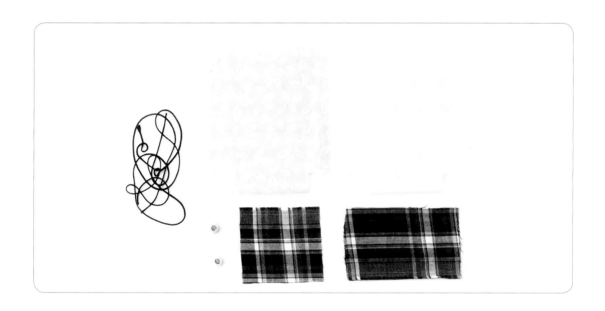

【制作过程】

① 将B版贴缝在A版表布上。

② 将C版两端分别都向内折并一次缝合。

③ 如图所示，再分别将一个长边向内折并缝合。

④ 将 A 版表布对折，缝合两边。

⑤ 底部如图缝合。

⑥ 用相同的方法缝制好里布。

⑦ 将 A 版表布翻至正面，与 C 版缝合。

⑧ 将里布套入表布内。

⑨ 缝合布袋口。

⑩ 穿入 2 条黑色线。

⑪ 在黑色线两端穿好珠子并打结。

⑫ 束好袋口，完成束口布袋缝制。

几何图案零钱包

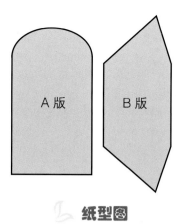

A 版　　B 版

紙型图

【材料】A 版表布、里布各 1 片，A 版铺棉 1 片，B 版表布、里布各 1 片，B 版铺棉 1 片，扣子 1 枚，滚边布 2 条，按扣 1 对。

【制作过程】

❶ 在 A 版表布、里布中间夹 A 版铺棉对齐，用疏缝针固定。

❷ 在 B 版表布、里布中间夹 B 版铺棉对齐，用疏缝针固定。

❸ 将滚边布条如图固定在 B 版上。

④ 将 B 版翻至另一面，将滚边布条向内折两次后再与 B 版缝合。

⑤ 用珠针把 B 版固定在 A 版上，里布相对。

⑥ 再用线缝合。

⑦ 将滚边布条绕 A 版一周后缝合。

⑧ 翻至另一面。

⑨ 缝合滚边布条。

⑩ 拆掉疏缝线，在 A 版表布上缝合1枚扣子作为装饰。

⑪ 如图所示，缝好按扣。

⑫ 完成零钱包的缝制。

紫色花朵笔袋

A 版

B 版

C 版

纸型图

【材料】A版表布、里布各1片，A版铺棉1片，B版2片，C版1片，拉链1条。

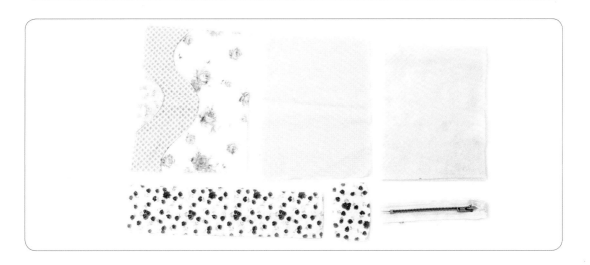

【制作过程】

❶ 将A版里布与A版铺棉对齐，用疏缝针固定。

❷ 在里布上面放A版表布对齐，用珠针固定。

❸ 缝合一周，留约8cm的返口。

④ 翻至正面，缝合返口。

⑤ 如图所示，缝出花纹。

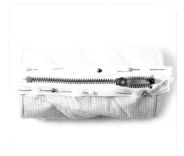

⑥ 里布朝上，短边相对，用珠针固定拉链并缝好。

⑦ 将B版两长边向内折缝合。

⑧ 用线收紧一边，两短边再缝合，如图所示形成圆形。

⑨ 把2片B版分别缝在A版的两端。

⑩ 翻至正面。

⑪ C版如图缝合。

⑫ 将C版对折固定在拉链的一端，完成紫色花朵笔袋的缝制。

中国风口金包

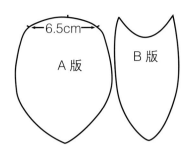

6.5cm

A 版

B 版

纸型图

【材料】A 版表布、里布各 2 片，B 版表布、里布各 2 片，6.5cm 银色口金 1 个。

① 将 A 版表布与 B 版表布用回针缝缝合，尖角为缝止点。

② 将 3 片表布缝合。

③ 再将 1 片 B 版表布跟 A 版表布的另一边缝合。

④ 翻至正面，完成表布缝制。

⑤ 以相同的方法完成里布缝制。

⑥ 将表布套进里布，正面与正面相对。

⑦ 用平针缝法缝合。

⑧ 留大约 5 cm 的返口。

⑨ 由返口处将袋身翻至正面。

⑩ 用对针缝法缝好返口。

⑪ 用珠针固定好口金。

⑫ 用线将口金固定在包身上，完成口金包的缝制。

碎花卡包

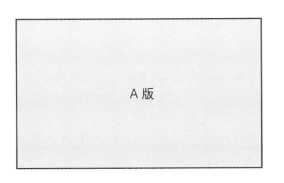

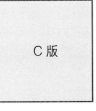

A 版

B 版

C 版

纸型图

【材料】A版表布、里布各1片，A版铺棉1片，B版2片，C版6片，滚边布1条。

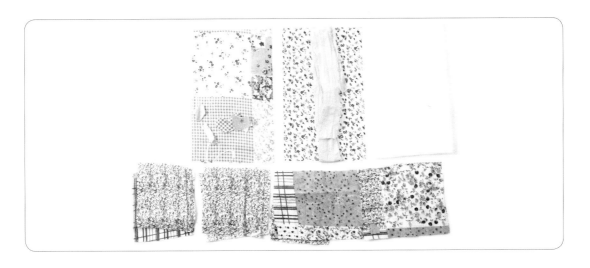

【制作过程】

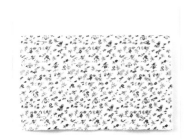

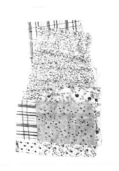

❶ 将 A 版里布与铺棉对齐，用珠针固定。

❷ 将 1 片 C 版的上面一边向内折后缝合。

❸ 如图所示，将所有 B 版和 C 版的上面一边分别向内折后缝合。

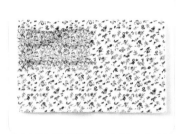

④ 将1片C版下端缝合在A版里布上。

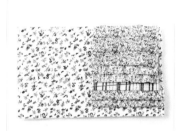

⑤ 将6片C版依次都缝合在A版里布上。

⑥ 将2片B版也依次缝合在A版里布上。

⑦ 将A版表布与铺棉的另一边对齐缝合。

⑧ 把滚边布条沿A版边缘围绕一圈，用珠针固定。

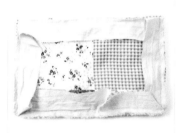

⑨ 用平针缝法缝合。

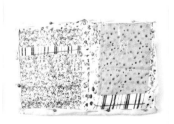

⑩ 翻至另一面，将滚边布条向内折并用珠针固定。

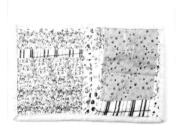

⑪ 再用平针缝法缝合。

⑫ 完成卡包的缝制。

黄色系泡芙小包

A 版

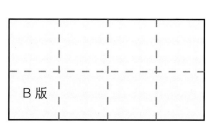

B 版

纸型图

【材料】A 版表布 2 片，B 版里布 4 片，珍珠棉适量，按扣 1 付。

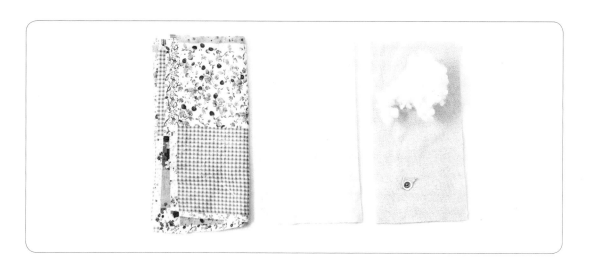

〔制作过程〕

① 将 2 片 B 版里布平均分成八个方格，用气消笔画好。

② 将 A 版用珠针固定在 B 版上，方格要对准 B 版上画好的方格。

③ 用线缝合。

④ 如图所示，在 B 版的每个方格中间剪一个充棉口。

⑤ 在方格中填入珍珠棉。

⑥ 缝合充棉口，即成 1 片泡芙。

⑦ 用同样的方法缝制另 1 片泡芙。

⑧ 把 2 片泡芙正面相对缝合，留上端不用缝。

⑨ 翻至正面。

⑩ 将另外 2 片 B 版里布正面相对缝合，留上端不用缝。

⑪ 将 B 版套入泡芙内，缝合开口和按扣。

⑫ 完成泡芙小包的缝制。

心相印笔袋

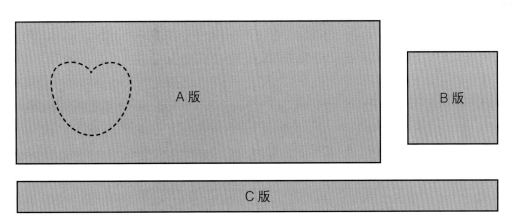

纸型图

【**材料**】A版表布、里布各2片，B版3片，C版1片，拉链1条。

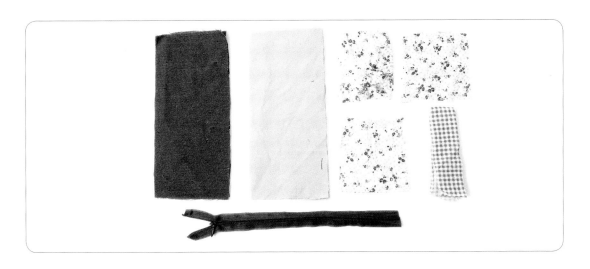

【**制作过程**】

① 在A版表布的反面用气消笔画3个心形。

② 将3个心形剪除，并在边缘剪出1些牙口。

③ 如图所示，将3片B版正面朝下贴缝在心形上。

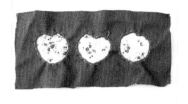

④ 翻至正面，将 A 版表布也贴缝好。

⑤ 在 2 片 A 版表布中间夹 2 片 A 版里布后对齐，用珠针固定。

⑥ 将固定后的布片进行 U 字形缝合，上端留口。

⑦ 用藏针缝法缝合表里布。

⑧ 将拉链用珠针固定在袋口处并缝合。

⑨ 将 C 版用珠针固定在笔袋的边缘。

⑩ 用线缝合。

⑪ 翻至另一面，将 C 版向内折两次并用珠针固定。

⑫ 用平针缝法缝合，完成心相印笔袋的缝制。

糖果卡包

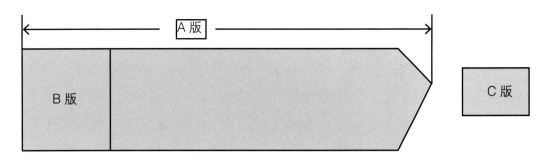

纸型图

【材料】A版表布、里布各1片，B版4片，C版2片，珍珠棉适量，魔术贴1付。

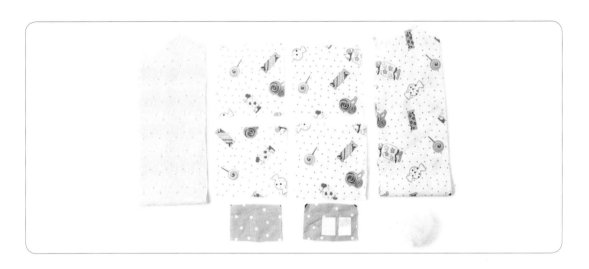

【制作过程】

① 将所有的B版的一边向内折两次后，缝合。

② 将缝好的4片B版分别与A版里布缝合。

③ 将A版表布与里布正面相对，用珠针固定。

④ 边缘缝合一周，留约 5cm 的返口。

⑤ 从返口翻至正面，缝合 返口。

⑥ 绕 A 版缝合一周固定。

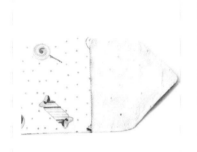  

⑦ 将魔术贴固定好。

⑧ 将 2 片 C 版缝合。

⑨ 两边分别向内折后，缝合。

⑩ 对折缝合，翻至正面。

⑪ 用珍珠棉填充，收紧两端，糖果缝制完成。

⑫ 将糖果缝在小袋上，完成糖果卡包的缝制。

雪花口金包

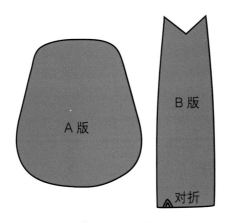

纸型图

【**材料**】A版表布、里布各2片，B版表布、里布各1片，8.5cm古铜色口金1个，
白色小花1朵。

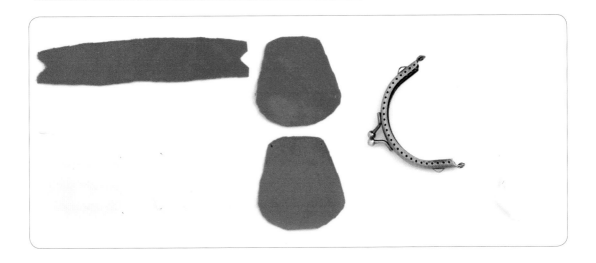

【**制作过程**】

❶ 将1片A版表布与B版
表布沿接合点进行缝合。

❷ 将另外一片A版表布与
B版表布的另一边缝合。

❸ 将1片A版里布跟B版
里布沿接合点进行缝合。

④ 将另外一片 A 版里布与 B 版里布的另一边缝合。

⑤ 将表布套进里布，正面与正面相对。

⑥ 用平针缝法缝合袋口，留大约 5 cm 的返口。

⑦ 由返口处将袋身翻至正面。

⑧ 用对针缝法缝好返口。

⑨ 将白色小花缝在包身上。

⑩ 用珠针固定好口金。

⑪ 用线将口金固定在包身上，完成口金包的缝制。

温情小礼物袋

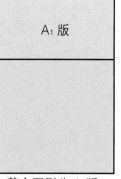

A₁ 版

A₂ 版

整个图形为 A 版

纸型图

【材料】A 版表布 1 片，A 版里布 2 片，A₁ 版、A₂ 版表布各 1 片，丝带 1 条，珍珠 1 袋。

【制作过程】

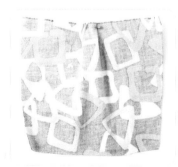

① 在 A₂ 版表布上用珠针固定出一个褶子并缝合。

② 将 A₁ 版与 A₂ 版如图缝合（后面的步骤里均以 A 版表布代称）。

③ 将缝好的 A 版表布与原有的 A 版表布正面对齐缝合，留上端不用缝。

4 将 A 版表布翻至正面。

5 用同样的方法缝合 A 版里布。

6 将表布套入里布内，开口缝合一周，留出蓝色点这段作返口。

7 翻至正面，缝合返口。

8 在 A 版表布上用气消笔画 1 个椭圆。

9 把椭圆剪掉，并将边缘缝合。

10 另一面在相同位置也以同样的方法缝制。

11 如图所示，用丝带做出 1 朵花。

12 将花朵固定在 A 版表布上，中间再缝上珍珠，完成小礼物袋的缝制。

实用眼镜袋

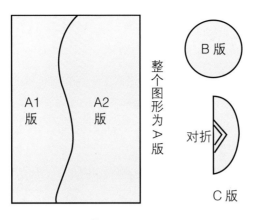

整个图形为 A 版

A1版

A2版

B 版

对折

C 版

纸型图

【材料】A₁版 1 片，A₂版 1 片，A 版表布、里布各 2 片，C 版 2 片，1/2C 版 2 片，
滚边布 1 条，B 版 1 片。

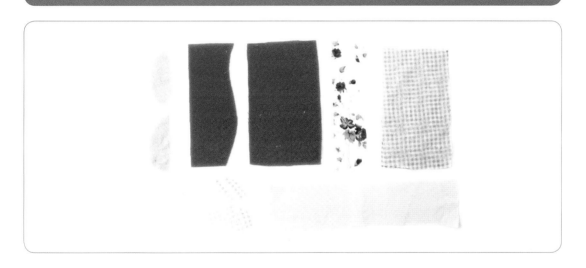

【制作过程】

❶ 将 A₁ 版与 A₂ 版缝合。

❷ 将 B 版的边缘向内折并
用线缝合。

❸ 用疏缝针在边缘缝一
周，再收紧线，打结。

④ 将黄色小花固定在 A₂ 版上。

⑤ 将 1 片 C 版用珠针固定在 A₂ 版上。

⑥ 再把 1 片 1/2 叶子如图固定在叶子的上半部分，并用线贴缝好。

⑦ 同样在合适位置贴缝好另外一片叶子。

⑧ 将 2 片 A 版里布正面相对缝合一周，留一条短边不用缝。

⑨ 将 2 片 A 版表布正面相对缝合一周，同样留一条短边不用缝。

⑩ 将表布翻至正面，再将里布套入表布内，反面相对。

⑪ 边缘用平针缝法缝合。

⑫ 在袋口缝上滚边布条，完成眼镜套的缝制。

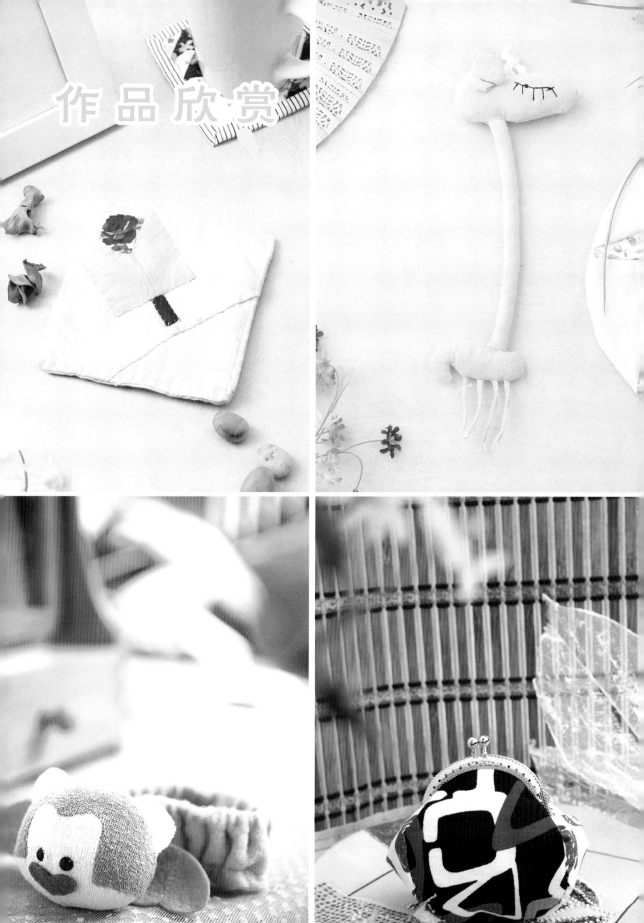

作品欣赏

图书在版编目（CIP）数据

一天即可完成的拼布小物 / 犀文图书编著 . — 天津：
天津科技翻译出版有限公司，2014.11
ISBN 978-7-5433-3450-2

Ⅰ. ①一⋯ Ⅱ. ①犀⋯ Ⅲ. ①布料－手工艺品－制作
Ⅳ. ① TS973.5

中国版本图书馆 CIP 数据核字 (2014) 第 218833 号

出　　版：天津科技翻译出版有限公司
出 版 人：刘　庆
地　　址：天津市南开区白堤路 244 号
邮政编码：300192
电　　话：（022）87894896
传　　真：（022）87895650
网　　址：www.tsttpc.com
策　　划：犀文图书
印　　刷：广州佳达彩印有限公司
发　　行：全国新华书店
版本记录：787×1092　16 开本　8 印张　100 千字
　　　　　2014 年 11 月第 1 版　2014 年 11 月第 1 次印刷
　　　　　定价：32.00 元